U0392419

当诗词遇见科学

陈征 著

9

北京时代华文书局

图书在版编目（CIP）数据

当诗词遇见科学：全20册 / 陈征著 . — 北京：北京时代华文书局，2019.1（2025.3重印）

ISBN 978-7-5699-2880-8

Ⅰ. ①当… Ⅱ. ①陈… Ⅲ. ①自然科学－少儿读物②古典诗歌－中国－少儿读物 Ⅳ. ①N49②I207.22-49

中国版本图书馆CIP数据核字(2018)第285816号

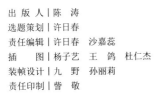

拼音书名｜DANG SHICI YUJIAN KEXUE: QUAN 20 CE

出 版 人｜陈 涛
选题策划｜许日春
责任编辑｜许日春　沙嘉蕊
插　　图｜杨子艺　王　鸽　杜仁杰
装帧设计｜九　野　孙丽莉
责任印制｜訾　敬

出版发行｜北京时代华文书局 http://www.bjsdsj.com.cn
　　　　　北京市东城区安定门外大街138号皇城国际大厦A座8层
　　　　　邮编：100011 电话：010-64263661 64261528
印　　刷｜天津裕同印刷有限公司
开　　本｜787 mm×1092 mm　1/24　印　张｜1　字　数｜12.5千字
版　　次｜2019年8月第1版　　印　次｜2025年3月第15次印刷
成品尺寸｜172 mm×185 mm
定　　价｜198.00元（全20册）

版权所有，侵权必究

本书如有印刷、装订等质量问题，本社负责调换，电话：010-64267955。

自 序

一天，我坐在客厅的沙发上，望着墙上女儿一岁时的照片，再看看眼前已经快要超过免票高度的她，恍然发现，女儿已经六岁了。看起来她一直在身边长大，可努力搜索记忆，在女儿一生最无忧无虑的这几年里，能够捕捉到的陪她玩耍，给她读书讲故事的场景，却如此稀疏……

这些年奔忙于工作，陪孩子的时间真的太少了！

今年女儿就要上小学，放眼望去，小学、中学、大学……在永不回头的岁月中，她将渐渐拥有自己的学业、自己的朋友、自己的秘密、自己的忧喜，直到拥有自己的家庭、自己的人生。唯一渐渐少了的，是她还愿意让我陪她玩耍，给她读书、讲故事的时间……

不能等到孩子不愿听的时候才想起给她读书！这套书就源自这样的一个念头。

也许因为我是科学工作者，科学知识是女儿的最爱，她每多了解一个新的科学知识，我都能感受到她发自内心的喜悦。古诗词则是我的最爱，那种"思飘云物动，律中鬼神惊"的体验让一个学物理的理科男从另一个视角感受到世界的美好。当诗词遇见科学，当我读给孩子，这世界的"真""善"与"美"如此和谐地统一了。

书中的科学知识以一个个有趣的问题提出，目的并不在于告诉孩子答案，而是希望引导孩子留心那些与自然有关的细节，记得观察生活、观察自然；引导孩子保持对世界的好奇心，多问几个为什么。兴趣、观察和描述才是这么大孩子的科学教育应该做的。而同时，对古诗词的赏析，则希望孩子们不要从小在心里筑起"文"与"理"之间的高墙，敞开心扉去拥抱一个包括了科学、文化和艺术的完整的世界。

不得不承认，这套书选择小学语文必背的古诗词，多少还是有些功利心在其中。希望在陪伴孩子的同时，也能为孩子的学业助一把力。

最后，与天下的父母共勉：多陪陪孩子，趁着他们还没长大！

目 录

唐 杜甫

春夜喜雨 chūn yè xǐ yǔ

hǎo yǔ zhī shí jié　dāng chūn nǎi fā shēng
好雨知时节，当春乃发生。

suí fēng qián rù yè　rùn wù xì wú shēng
随风潜入夜，润物细无声。

yě jìng yún jù hēi　jiāng chuán huǒ dú míng
野径云俱黑，江船火独明。

xiǎo kàn hóng shī chù　huā zhòng jǐn guān chéng
晓看红湿处，花重锦官城。

1 乃：就。

2 发生：萌发生长。

3 潜：暗暗地，悄悄地。诗中指春雨在夜里悄悄地随风而至。

4 红湿：指带有雨水的红花。

5 锦官城：成都的别称。

好雨似乎会挑时辰，刚好降临在土地干旱、万物萌发的春季。伴随着和风，春雨悄悄地进入夜幕。细细密密，像牛毛像花针，滋润干涸的大地。乌云密布，笼罩着田间的小路，天地间都漆黑一片。唯有江边渔船上闪烁着的点点灯光显得格外明亮。等天亮的时候，潮湿的泥土上必定会盛开红色的花朵，成都满城必将是一片万紫千红的景象。

天上掉下的雨水是从哪儿来的?

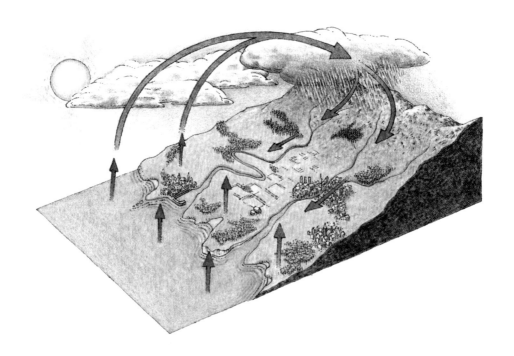

天上掉下的雨水,其实还是来自地面上的江、河、湖、海。

在比较温暖的地方,那里的江、河、湖、海中每时每刻都有很多水分子逃出来,变成水蒸气进入空气。这些水蒸气随着温暖的空气四处漂流,形成了气象学家们说的"暖湿气流",也就是温暖又湿润的气流。

当暖湿气流遇到了来自寒冷地区的冷空气时，因为冷空气比较重，暖湿气流比较轻，暖湿气流就被托上了高空。在高空中，暖湿气流逐渐变凉，空气中不再能容纳那么多水蒸气，多余的水蒸气就凝聚成小水滴或者小冰晶，形成云。当小水滴越来越大，大到空气托不住它们的时候，就会从云中掉落下来，变成了雨水。

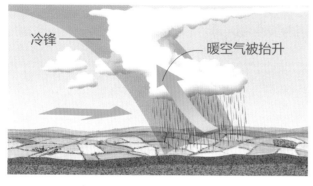

冷锋 ——————

暖空气被抬升

暖湿气流和冷空气相遇时，就像两支庞大的军队相互冲撞、交锋，所以气象学家们就把它们交锋的"战场"叫作"锋面"。暖湿气流携带的水蒸气总是在"锋面"的交锋中变成雨雪落下地面，所以"锋面"到哪儿，雨雪就会到哪儿。

为什么春雨温柔，而夏天经常有暴风雨？

中国大部分地区位于北半球的温带地区，这里冬天基本上都被来自北方西伯利亚的冷空气军团所占领。到了春天，来自南方太平洋、印度洋的暖湿空气军团开始反攻，冷暖空气交锋的"战场"逐渐从南向北移动。在这个过程中，冷暖空气的力量都还不强，相互的交锋也不太激烈，暖湿气流被慢慢地托起，它们所携带的水蒸气随之一点点变成雨落下，所以春天常常是和风细雨，风和雨都比较"温柔"。

　　到了夏天，冷暖空气都蓄足了力量，双方使足了劲搏斗。在狂风对撞的过程中，暖湿气流被冷空气猛地推上高空，快速变冷，其中的水蒸气一下子倾泻而下，变成倾盆大雨。所以夏天常常能碰到狂风暴雨。

唐 杜甫

jué jù
绝句

chí rì jiāng shān lì
迟日江山丽，

chūn fēng huā cǎo xiāng
春风花草香。

ní róng fēi yàn zǐ
泥融飞燕子，

shā nuǎn shuì yuān yāng
沙暖睡鸳鸯。

释
词
1 绝句：旧诗体裁之一，一首四句。每句五个字的叫五言绝句，每句七个字的叫七言绝句。

2 迟日：春天日渐长，所以说迟日。

3 泥融：这里指泥土滋润、湿润。

4 鸳鸯：一种水鸟，雄鸟与雌鸟常双双出没。

译
文
在春光沐浴下，江山多秀丽啊！春风袭人，带来阵阵花草芳香。燕子从南方飞来，衔着湿泥筑巢，飞来飞去，一刻也不得闲；鸳鸯熟睡在河边暖暖的沙地上，咂咂嘴，似乎在做美梦。好一派盎然的春色，令我陶醉令我痴。

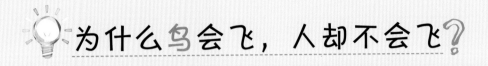

为什么鸟会飞，人却不会飞？

也许你会说，不就是因为鸟儿有翅膀吗？仅仅有翅膀可是不行的，有些鸟儿虽然有翅膀，却并不能飞。

翅膀内外都有不少学问。鸟儿的翅膀确实非常重要。翅膀上的羽毛除了可以保暖，它扁平中空的结构让翅膀面积变大的同时重量却很轻。大大的翅膀在扇动时能鼓起更强的气流，从而让鸟儿能飞上天空。

此外，鸟的翅膀从侧面看并不是一个平面，它上面微微隆起，下面则比较平。这个形状不但空气阻力小，而且当空气流过时，翅膀上方的气流速度比下方的快，从而产生向上的升力，让鸟儿在飞行过程中不用一直挥动翅膀，可以展翅滑翔。

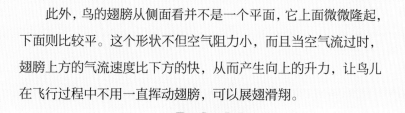

除了翅膀，鸟儿的胸肌也非常发达，可以长时间有力地挥动翅膀，就像一个动力十足的发动机。鸟的身体结构也更适合飞行。它们的骨骼很多是中空的，这样就让它们的体重更轻，从而容易飞起来。

像鸵鸟、鸸鹋这些鸟类，虽然也有翅膀，但是它们骨骼粗壮，体重太大，就很难飞起来了。

鸳鸯是怎么求偶的？

鸳鸯在中国是一种特别古老的水鸟，人们也把鸳鸯看作一种吉祥的鸟。早在《诗经》中就有关于鸳鸯的诗篇。其中"鸳"是指雄鸟，而"鸯"是指雌鸟。

古人常常用鸳鸯来比喻关系亲密的人。春秋战国时鸳鸯被用以比作夫妻，汉代到魏晋南北朝时被用来比作兄弟，唐代以后，鸳鸯多被用来比喻亲密的夫妻，这个习惯一直延续到今天。

　　人们为什么喜欢用鸳鸯来作比喻呢？原来一到天气暖和的夏天，雄性的鸳就会变得特别漂亮，翅膀上长出一对黄色的羽毛，像船帆一样立在后背上来吸引雌性的鸯鸟。它们互相喜欢时，就会相互点头，行动休息都在一起，显得非常亲密。看到鸳鸯这种双宿双飞的景象，人们产生美好的联想，于是就产生了那些浪漫的诗句。

唐 杜甫

江畔独步寻花
jiāng pàn dú bù xún huā

huáng shī tǎ qián jiāng shuǐ dōng
黄师塔前江水东，

chūn guāng lǎn kùn yǐ wēi fēng
春光懒困倚微风。

táo huā yí cù kāi wú zhǔ
桃花一簇开无主，

kě ài shēn hóng ài qiǎn hóng
可爱深红爱浅红？

 江畔：指成都锦江之滨。

 我独自在成都锦江边一面散步一面找花欣赏，只见黄师塔前的江水向东奔流，无止无息。和煦的春风吹来，让我懒洋洋地发困。我打起精神，继续前行，欣喜地发现虽然桃花无人管也开得烂漫，我满心欢喜，都不知道该喜欢深红色的还是浅红色的。

为什么古人总是写桃花？

桃是我国最古老的水果之一。桃树原产于中国，早在三四千年前我们的祖先就开始种植桃树。《诗经》里就有"桃之夭夭，灼灼其华"的诗句，此外，一些古籍中还记载了桃树怎么种植。

按照植物学的分类，桃属于蔷薇科植物，它和月季、玫瑰等同属于一大类。因为桃树在中国特别普遍，桃花鲜艳好看，桃子甜酸好吃，所以它在中国人的生活中扮演着很重要的角色。不光诗人喜欢用桃花作诗，就连古代神话传说里的王母娘娘，都拿仙桃来宴请各路神仙，而不是用西瓜或是苹果。

当然，那时中国还没有西瓜或是苹果。西瓜原产在非洲，直到一千年前的宋辽时期才传到中国；而苹果原产在欧洲，直到一百多年前的晚清才大量进入中国。

一定要开花才会结果吗？

胚珠

花粉

花其实是植物的一种繁殖后代的器官，果实则是植物的种子和保护种子的"房子"。

植物花瓣中心的花蕊有雄蕊和雌蕊，当雄蕊上的花粉进入雌蕊的子房里，和胚珠结合就会变成种子，而整个雌蕊的子房就会长成保护种子的"房子"。不过并不是所有的花里同时有雄蕊和雌蕊。有些植物的花分雌雄，雌花里只有雌蕊，雄花里只有雄蕊，比如杨树或是银杏树。对于这样的植物，雄花就不会结出果实。

那么有没有不开花就结果的呢？

对于有种子的植物，通常都是要开花才能结果的。也许你会说无花果就没有花，其实无花果也是有花的，只不过被大大的花托包住了，我们平时吃的那部分就是无花果的花。

只有比较低等的植物，比如蕨类或者苔藓之类的植物，它们并没有进化出花这种器官，所以不会开花，也长不出果实，只能通过细小的孢子之类的方式来繁衍后代。

科学思维训练小课堂

① 往带有刻度的水杯中装入定量的水，放置一段时间，观察杯中的水还剩多少？想一想，水到哪里去了呢？

② 观察鸟类飞翔时的姿态，它们什么时候需要扇动翅膀？

③ 想一想，哪些特征可以用来分辨雄花和雌花？

扫描二维码回复"诗词科学"

即可收听本书音频